Md.Nasir Uddin

Estabelecimento de Investigação em Energia Atómica

Md.Nasir Uddin

Estabelecimento de Investigação em Energia Atómica

AERE: Perspectivas no Bangladesh

ScienciaScripts

Imprint
Any brand names and product names mentioned in this book are subject to trademark, brand or patent protection and are trademarks or registered trademarks of their respective holders. The use of brand names, product names, common names, trade names, product descriptions etc. even without a particular marking in this work is in no way to be construed to mean that such names may be regarded as unrestricted in respect of trademark and brand protection legislation and could thus be used by anyone.

Cover image: www.ingimage.com

This book is a translation from the original published under ISBN 978-3-659-87429-1.

Publisher:
Sciencia Scripts
is a trademark of
Dodo Books Indian Ocean Ltd. and OmniScriptum S.R.L publishing group

120 High Road, East Finchley, London, N2 9ED, United Kingdom
Str. Armeneasca 28/1, office 1, Chisinau MD-2012, Republic of Moldova, Europe
Managing Directors: Ieva Konstantinova, Victoria Ursu
info@omniscriptum.com

Printed at: see last page
ISBN: 978-620-8-63163-5

ESTABELECIMENTO DE INVESTIGAÇÃO EM ENERGIA ATÓMICA (AERE)

MD. NASIR UDDIN
G1422383
nasir.u@live.iium.edu.my
UNIVERSIDADE ISLÂMICA INTERNACIONAL DA MALÁSIA

Lista de conteúdos

Notas biográficas

Md. Nasir Uddin obteve o grau de Mestre em Investigação em Engenharia Mecatrónica pela Universidade Islâmica Internacional da Malásia (IIUM), com uma bolsa de assistente de investigação, e concluiu o Mestrado em Engenharia Eletrónica pela IUT. Obteve o Bacharelato em Engenharia Eletrónica pela Atish Dipankar University of Science & Technology (ADUST) e concluiu o Diploma em Engenharia Eletrónica pelo Barisal Polytechnic Institute, BTEB. Após a licenciatura, trabalhou como instrutor no Feni Girls Cadet College, no Exército do Bangladesh, e tornou-se professor. Antes desta profissão, trabalhou também no Aeroporto Internacional de Mascate, em Omã, como engenheiro no seu domínio de atividade. É membro do IEB de Omã e do IEEE da Malásia. Nasceu em Gazipur, Bangladesh, a 1 de dezembro de 1988: engnasirbd@yahoo.com, , engnasirbd@gmail.comnasir.u@live.iium.edu.my

CAPÍTULO- 1

Reator nuclear

1.1 INTRODUÇÃO:

Um reator nuclear é um sistema/dispositivo que permite iniciar, manter e controlar uma reação nuclear em cadeia designada por cisão (divisão do átomo).

Quando um neutrão lento atinge o núcleo de um átomo pesado, inicia-se a reação em cadeia e o átomo divide-se, produzindo mais de 2 neutrões e dando energia de cerca de 200 Mev sob a forma de energia térmica. Com base neste princípio, o reator é utilizado para dois fins. Em primeiro lugar, "Investigação e produção de isótopos", em que os neutrões são recolhidos e a energia desperdiçada. Em segundo lugar, a "produção de eletricidade", em que a energia é utilizada e os neutrões são desperdiçados. O calor é transportado para fora do reator por um líquido de arrefecimento, que na maioria das vezes é apenas água. O líquido de arrefecimento aquece e vai para uma turbina para fazer girar um gerador ou um veio de transmissão. Basicamente, os reactores nucleares são fontes de calor exóticas.

O Bangladesh Atomic Energy Commission é o único reator nuclear do país. Trata-se de um reator de investigação do tipo cuba, utilizado para formação, investigação e produção de isótopos. Os neutrões produzidos durante a reação de cisão são utilizados para a realização de várias investigações e trabalhos de desenvolvimento, produção de radioisótopos, ensaios não destrutivos e outras actividades conexas. Um reator nuclear é um sistema que contém e controla reacções nucleares em cadeia sustentadas. Os reactores são utilizados para produzir eletricidade, mover porta-aviões e submarinos, produzir isótopos médicos para imagiologia e tratamento do cancro e realizar investigação.

O reator é um reator de investigação do tipo tanque e é utilizado para formação, investigação e produção de isótopos. O reator foi concebido e construído pela General Atomic dos EUA. A instalação do reator foi iniciada no final de 1980. O reator atingiu a sua primeira criticalidade na manhã de 14 de setembro de 1986. O reator foi testado e colocado em funcionamento no final de outubro de 1986.

O reator tem sido utilizado em vários domínios de investigação e utilização, tais como a experiência de dispersão de neutrões, a produção de radioisótopos, a formação de mão de obra, a educação, etc. A unidade de operação e manutenção do reator do estabelecimento de investigação em energia atómica, saver, é responsável pelo operador e pela manutenção do reator.

1.2 Fissão nuclear:

A cisão é um tipo de reação nuclear em que o neutrão e o núcleo de um elemento (por exemplo, o núcleo de U^{235}) se combinam para formar o núcleo intermédio ou composto (U^{236}), que depois se parte em dois núcleos de números de massa intermédios com emissão simultânea de dois ou três neutrões e libertação de uma grande quantidade de energia.

$0n^{1}$(lento)+$92U^{235} \rightarrow 92U^{236*} \rightarrow 40Zr^{98} + 52Te^{136}$+2n+Energia(200Mev)

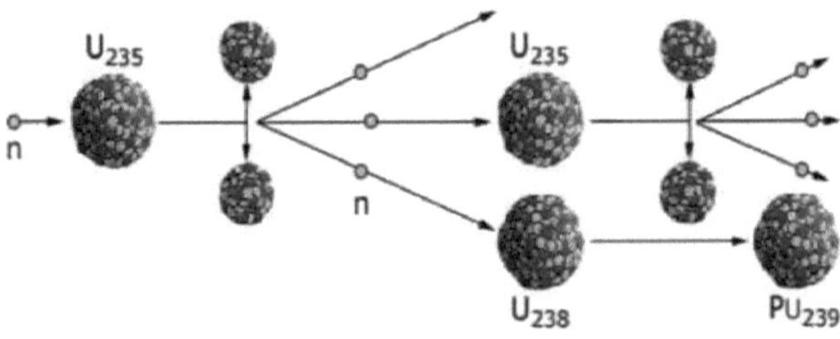

Fig 1.1 Reacções em cadeia da cisão nuclear

Tipos de reactores de cisão:

1. Reator de potência (a energia é utilizada, os neutrões são resíduos)
2. Reator de investigação (os neutrões são utilizados, a energia é desperdiçada)

CAPÍTULO- 2

Reator de investigação

2.1 Reator de investigação:

O BAEC TRIGA é um reator de investigação com uma potência térmica máxima contínua de 3MW. É um reator de investigação do tipo piscina, arrefecido a água, de forma cilíndrica, que utiliza elementos de combustível de hidreto de urânio-zircónio numa grelha circular. A matriz contém também elementos fictícios de grafite, que servem para refletir os neutrões de volta para o núcleo. O núcleo está situado perto do fundo de um tanque cheio de água e o tanque está rodeado de betão biopsiado, que

actua como um escudo de radiação e estrutural.

3 MW Reactores de investigação TRIGA Mark-II
> Formação
> Investigação
> Produção de isótopos
> General Atomics

Fig 2.1: Reator de investigação TRIGA Mark-II de 3 MW

Os reactores foram concebidos para funcionar em três modos de funcionamento, nomeadamente

(a) Modo de estado estacionário ,
(b) Modo de onda quadrada e
(c) Modo de impulsos.

O modo de funcionamento em estado estacionário pode ser efectuado em dois modos de arrefecimento

a. Modo de arrefecimento por convecção natural (NCCM) e

b. Modo de arrefecimento por convecção forçada (FCCM).

A água primária contendo este N^{16} altamente radioativo passa pelo tanque de decaimento do N^{16} (capacidade: 32500 litros), que retém a água durante cerca de 143 segundos antes de entrar nas bombas primárias, durante este período, a atividade do N^{16} de vida curta (T1/2=7,14 seg) decai para um nível baixo. O tanque de decaimento e a tubagem entre ele e o tanque do reator são convertidos em blindagem de betão pesado com cerca de 102 cm de espessura, a fim de atenuar os raios gama de alta energia emitidos pelos núcleos N^{16}. A taxa de dose de radiação à superfície das tubagens após o tanque de decaimento é baixa (60-80mSv/hr), pelo que não é necessária uma blindagem adicional à sua volta.

2.2 Partes principais de um reator nuclear:

As diferentes partes do reator que são:

- Tanque do reator
- Núcleo do Reator
- Combustível nuclear
- Moderador
- Haste de controlo
- Refletor
- Blindagem
- Líquido de refrigeração

2.2.1 Tanque do reator

O tanque do reator é um recipiente de paredes fortes que aloja o núcleo do reator de potência. Acomoda o núcleo do reator. O núcleo do reator está localizado perto do fundo do tanque do reator.

O tanque é feito de uma liga especial de alumínio e tem um comprimento de 8,23 m e um diâmetro de 1,98 m. Está cheio com 24.865 litros de água desmaterializada.

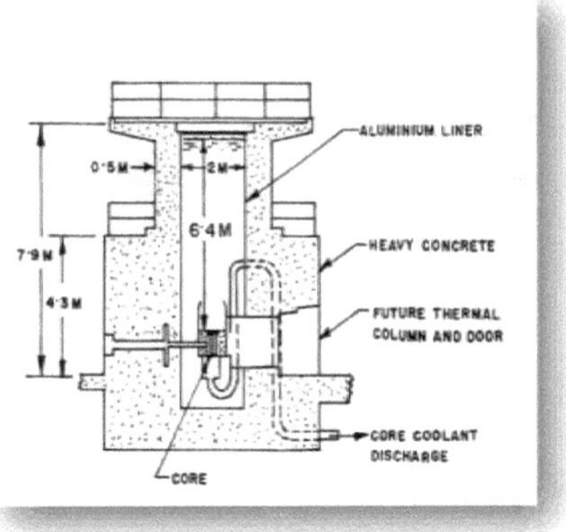

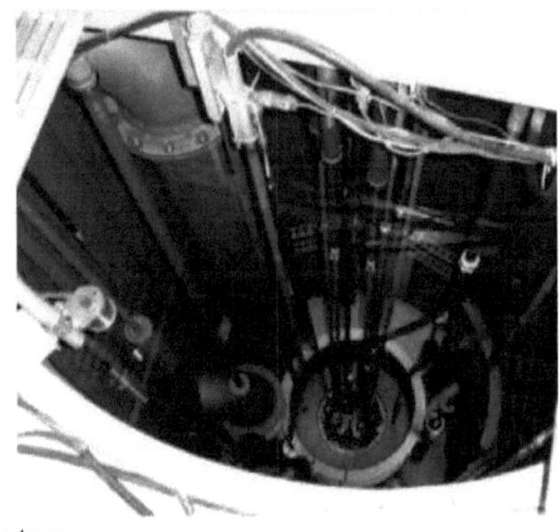

Fig 2.2: Tanque do reator

2.2.2 Núcleo do Reator:

O núcleo do reator é constituído por 100 elementos de combustível (incluindo 5 barras de controlo seguidoras de combustível), 6 barras de controlo, 18 elementos fictícios de grafite, 1 dedal central seco, 1 sistema de transferência pneumática e 1 fonte de neutrões AM-BE. A um nível de potência de 3 MW, a temperatura do combustível é de cerca de 550°c. O núcleo do reator contém todo o combustível nuclear e gera todo o calor. Contém urânio pouco enriquecido (<5% U-235), sistemas de controlo e materiais estruturais. O núcleo pode conter centenas de milhares de pinos de combustível individuais.

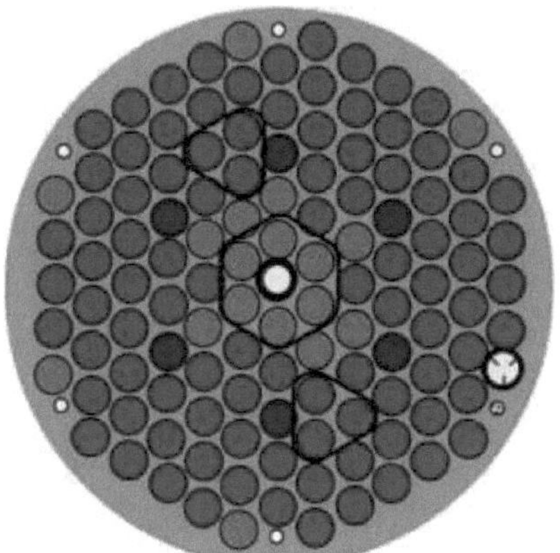

Fig. 2.3: Configuração do núcleo do reator

- Std. Elemento de combustível**:** 100 n.ºs.
- Elemento de chupeta de grafite: 18 n.ºs.
- Dedal central seco : 1 Não
- Terminal de coelho: 1 n.º.
- Fonte de neutrões : 1 No.
- Haste de controlo: 6 n.ºs.
- Câmara de fissão : 3 Nos.
- Câmara Gama : 1 Nº.

2.2.3 Combustível nuclear:

O reator TRIGA do BAEC é alimentado com combustível LEU (urânio pouco enriquecido), que é composto por urânio enriquecido a 19,7% (U-235), ZrH (moderador principal) e veneno queimável Er-167. O material combustível está alojado num revestimento de aço inoxidável. A caraterística de segurança mais importante do combustível TRIGA é o Coeficiente de Reatividade de Temperatura Negativa Rápida (PNTCR). O valor nominal do PNTCR é de cerca de 1,07x10-4 % Δk/k/° C. Devido a esta caraterística do combustível, o reator pode ser operado com segurança em modo pulsado O reator TRIGA é alimentado com combustível LEU (urânio pouco enriquecido), que é composto por 19,7 % .

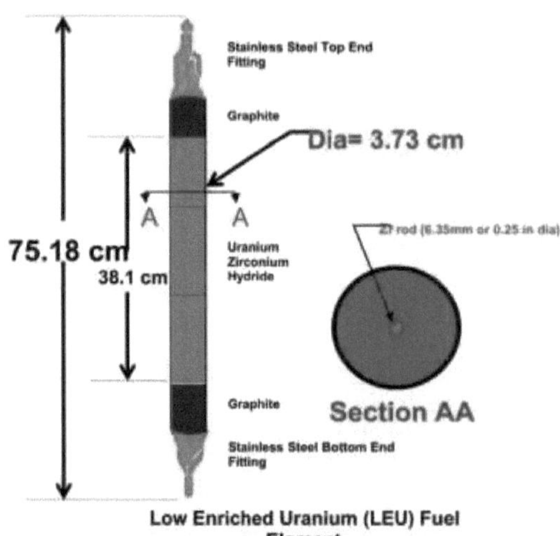

Fig 2.4: Combustível nuclear

2.1.4 Moderador:

Material especialmente leve com uma secção transversal de dispersão elevada e uma secção transversal de absorção baixa para os neutrões, utilizado no núcleo de um reator para converter os neutrões rápidos em neutrões lentos por meio de colisão. Este material é designado por moderador, geralmente água normal (H2O), água pesada (D2O), grafite, berílio, óxido de berílio, etc.

2.1.5 Hastes de controlo:

O reator é controlado por seis barras de controlo, que contêm carboneto de boro (B4C) como material absorvente de neutrões. Quando estas varetas estão completamente inseridas no núcleo do reator, os neutrões continuamente emitidos pela fonte de arranque são absorvidos pelas varetas e o reator permanece subcrítico. Se as varetas absorventes forem retiradas do núcleo, o número de fissões no núcleo e o nível de potência aumentam. O reator pode ser desligado manual ou automaticamente pelo sistema de instrumentação e controlo de segurança.

2.1.6 Refletor:

Um refletor é uma região de material não enrolado que rodeia o núcleo. A sua função é dispersar os neutrões que escapam do núcleo, devolvendo assim alguns deles ao núcleo. Isto reduz o tamanho do núcleo e suaviza a densidade de potência. O refletor é particularmente importante nos reactores de investigação, uma vez que é a região em que se encontra grande parte do equipamento experimental. Alguns reflectores estão localizados no interior do núcleo como ilhas centrais nas quais se podem obter elevadas intensidades de neutrões para fins experimentais.

2.1.7 Blindagem:

Um reator em funcionamento é uma fonte poderosa de radiação, uma vez que a cisão e o subsequente decaimento radioativo produzem neutrões e raios gama, ambos radiações altamente penetrantes. Um reator deve ter uma blindagem especial à sua volta para absorver esta radiação, de modo a proteger os técnicos e outro pessoal do reator. Numa classe popular de reactores de investigação conhecida como "piscinas", esta proteção é fornecida colocando o reator numa grande e profunda piscina de água. Noutros tipos de reactores, a blindagem consiste numa espessa estrutura de betão à volta do sistema do reator. A blindagem também pode conter metais pesados.

2.1.8 O líquido de refrigeração:

É o material que passa através do núcleo, transferindo o calor do combustível para uma turbina. Pode ser água, água pesada, sódio líquido, hélio ou qualquer outra coisa. Na frota americana de reactores de potência, a água é o padrão. Um refrigerante de reator nuclear é um refrigerante num reator nuclear utilizado para remover o calor do núcleo do reator nuclear e transferi-lo para os geradores eléctricos e para o ambiente.

Quase todas as centrais nucleares atualmente em funcionamento são reactores de água leve que utilizam água normal sob alta pressão como refrigerante e moderador de neutrões. Cerca de 1/3 são reactores de água em ebulição, em que o refrigerante primário sofre uma mudança de fase, transformando-se em vapor no interior do reator. Cerca de 2/3 são reactores de água pressurizada a uma pressão ainda mais elevada. Os reactores actuais mantêm-se abaixo do ponto crítico, a cerca de 374 °C e 218 bar, onde desaparece a distinção entre líquido e gás, o que limita a eficiência térmica, mas o reator de água supercrítica proposto funcionaria acima deste ponto.

Capítulo -3

Reator

3.1 Reator:

O reator de investigação BAEC TRIGA tem uma potência térmica máxima contínua de 3 MW. O reator pode ser operado em três modos de funcionamento: (1) modo de estado estacionário, (2) modo de onda quadrada e (3) modo de impulsos. O modo de funcionamento em estado estacionário pode ser efectuado em dois modos de arrefecimento - (1) Modo de arrefecimento por convecção natural (NCCM) e (2) Modo de arrefecimento por convecção forçada (FCCM). O NCCM pode ser utilizado para um nível de potência até 500 kW. Durante o funcionamento do reator em NCCM, o calor gerado no núcleo do reator é removido pela água do reservatório através do mecanismo de arrefecimento por convecção natural. Para o funcionamento a um nível mais elevado, incluindo a potência máxima de 3 MW, é utilizada a FCCM. Durante o funcionamento em FCCM, o calor produzido no núcleo do reator é dissipado para a atmosfera através de um sistema de arrefecimento constituído por circuitos de arrefecimento primário e secundário.

3 MW Reactores de investigação TRIGA Mark-II

> Formação

> Investigação

> Produção de isótopos

> General Atomics

Fig 3.1: Reator de investigação TRIGA Mark-II de 3 MW

3.2 Tipos de reactores nucleares:

Existem muitos tipos diferentes de reactores nucleares com diferentes combustíveis, refrigerantes, ciclos de combustível e finalidades.

(a) Reator de Água Pressurizada:

O tipo mais comum de reator, o PWR, utiliza água comum como refrigerante. A água de refrigeração primária é mantida a uma pressão muito elevada para não ferver. Passa por um permutador de calor, transferindo o calor para um circuito de arrefecimento secundário, que depois faz girar a turbina. Estas utilizam pastilhas de combustível de óxido empilhadas em tubos de zircónio. Podem também queimar combustível de tório ou plutónio.

(b) Reator rápido arrefecido a sódio:

O primeiro reator nuclear de produção de eletricidade no mundo foi o SFR (o EBR-1 em Arco, Idaho). Como o nome indica, estes reactores são arrefecidos por sódio metálico líquido. O sódio é mais pesado do que o hidrogénio, o que faz com que os neutrões se desloquem a velocidades mais elevadas (logo, *rápidos*). Estes reactores podem utilizar combustível metálico ou óxido e queimar qualquer coisa que lhes seja dirigida (tório, urânio, plutónio, actinídeos superiores).

(c) Reator de Tório com Fluoreto Líquido:

Os LFTR têm sido objeto de grande atenção por parte dos meios de comunicação social. Até agora, são únicos no facto de utilizarem combustível fundido. Por isso, não há preocupação com a fusão, porque já estão derretidos. O pessoal da Energy from thorium está totalmente entusiasmado com esta tecnologia.

(d) Reator de água em ebulição:

Segundo mais comum, o BWR é semelhante ao PWR em muitos aspectos. No entanto, só têm um circuito de arrefecimento. O combustível nuclear quente ferve a água à medida que sai pelo topo do reator, onde o vapor se dirige para a turbina para a fazer girar.

(e) **Reator arrefecido a gás de alta temperatura:**

Os HTGRs utilizam pequenas pastilhas de combustível apoiadas em compactos hexagonais ou em seixos maiores (nos modelos prismáticos e de leito de seixos). O gás, como o hélio ou o dióxido de carbono, passa rapidamente através do reator para o arrefecer.

3.3 Unidade de instrumentação e controlo:

O nível de potência do reator é monitorizado por três canais de neutrões durante o funcionamento normal. Estes canais utilizam câmaras de cisão como elemento de deteção de neutrões. Existe um outro canal que tem uma câmara gama como sensor. Este canal é utilizado para monitorizar a potência do reator durante o funcionamento por impulsos. A função de arranque e a monitorização precisa do nível de potência do reator são conseguidas pelo canal Log/Linear de gama larga do sistema de instrumentação e controlo do reator. O canal indica o fluxo de neutrões desde o nível da fonte (aproximadamente 2 nv) até ao nível de potência máxima (6×10^{13} nv). É utilizado um registador gráfico de caneta dupla para registar a potência do reator.

Fig 3.2: Consola de controlo digital do reator

3.4 Instalações de irradiação:

O reator BAEC TRIGA Mark-II está equipado com uma série de dispositivos de irradiação que são enumerados a seguir:

- Tubo de irradiação central seco
- Tubos de feixe de neutrões
- Sistema de transferência pneumático
- Suporte de amostras rotativo
- Cortes triangulares no núcleo
- Recorte hexagonal no centro do núcleo
- Coluna térmica para utilização futura (atualmente preenchida com pesados blocos de betão)

(a) Sistema de transferência pneumático:
O sistema de transferência pneumática (conhecido coloquialmente como "sistema rabbit") consiste numa câmara de irradiação no anel exterior do núcleo, com a respectiva bomba e tubagem. Isto permite que as amostras sejam transferidas para dentro e para fora do núcleo do reator muito rapidamente, enquanto o reator está em potência. A utilização de rotina do sistema de transferência pneumática envolve a colocação de amostras em frascos, que por sua vez são colocados em cápsulas especiais conhecidas como "coelhos". A cápsula é carregada no sistema no laboratório de radioquímica junto ao reator e é depois transferida pneumaticamente para a posição de co-irradiação durante um período de tempo pré-determinado. No final deste período, a amostra é transferida de volta para o terminal de receção, onde é retirada para medição. O tempo de transferência do núcleo para o terminal é inferior a sete segundos, o que torna este método de irradiação de amostras particularmente útil para experiências que envolvam radioisótopos com vidas curtas.

(b) Suporte de amostras rotativo:
O suporte rotativo de amostras (lazy Suzan) está localizado num poço no topo do refletor de grafite que rodeia o núcleo. O suporte é constituído por um conjunto circular de 40 receptáculos tubulares. Cada recipiente pode acomodar dois tubos de irradiação do tipo TRIGA, de modo a que possam ser irradiadas até 80 amostras separadas em qualquer altura. Os frascos com capacidade até 17 ml (2,57 cm de diâmetro interno, 10 cm de comprimento) são habitualmente utilizados neste sistema. Dependendo da sua geometria, é possível irradiar uma amostra até cerca de 40 ml juntando dois frascos. As amostras são colocadas no suporte de amostras antes do arranque do reator. O

suporte roda automaticamente durante a irradiação para garantir que cada amostra recebe o mesmo fluxo de neutrões. Normalmente, o suporte rotativo é utilizado pelos investigadores quando são necessários tempos de irradiação mais longos (geralmente superiores a cinco minutos). O fluxo médio de neutrões térmicos na posição do suporte rotativo é de aproximadamente 2x1012 n/cm2/s com um rácio de cádmio de 6,0 à potência máxima. O suporte de amostras pode também ser utilizado para irradiações gama quando o reator está desligado.

(c) Dedal central:

O dedal central, que é uma câmara de irradiação cheia de água com cerca de 3 cm de diâmetro, fornece o maior fluxo de neutrões disponível, cerca de 1,4x1013 n/cm2/s. No entanto, contém apenas um contentor de irradiação especialmente posicionado, com uma cavidade de 7,5 cm de comprimento e 2,57 cm de diâmetro. Está disponível outra localização no núcleo, substituindo um dos elementos de combustível por uma câmara de irradiação. A câmara encaixa-se numa posição de elemento combustível dentro do próprio núcleo. Os orifícios de inserção da folha, com 0,798 cm de diâmetro, são perfurados em várias posições através das placas da grelha.

CAPÍTULO- 4

Área de utilização

4.1 Área de utilização:

O reator de investigação BAEC TRIGA tem sido utilizado até agora para a realização de trabalhos de investigação e desenvolvimento em vários domínios da ciência e tecnologia nucleares. Também tem sido utilizado para a produção de isótopos e para o ensino e formação de mão de obra. As áreas de utilização do reator de investigação desde a sua entrada em funcionamento são apresentadas na figura abaixo.

Fig 4.1: Área de utilização do TRIGA de 3MW

DADOS DE FUNCIONAMENTO E UTILIZAÇÃO

Horas de funcionamento: 3526hrs

Produção acumulada: 5898 MWh

Número de pedidos de irradiação satisfeitos >822

Número de amostras irradiadas: > 2000

Radioisótopo produzido: >1420 Gbq (I^{131}, Tc^{99m}, Sc^{46}, etc.)

4.2 Análise por ativação neutrónica (NAA):
Quando os materiais absorvem neutrões, tornam-se radioactivos e emitem sobretudo raios gama com energias que dependem do próprio material. Na análise de ativação, a composição de um material, incluindo a quantidade vestigial de impurezas presentes, pode ser determinada através da medição da radiação gama emitida.

o NAA para a determinação do arsénio em amostras de águas subterrâneas, arroz e legumes de diferentes zonas do Bangladesh.

o NAA para determinação de U e amostras finas de rocha.

o NAA para a determinação das concentrações de oligoelementos no solo e nos géneros alimentícios, etc.

4.3 Experiências de dispersão de neutrões:
A dispersão de neutrões é uma técnica que é utilizada para encontrar respostas a questões fundamentais sobre a estrutura e composição dos materiais. Ao examinar o estado dos neutrões dispersos num material, é possível determinar a estrutura atómica/molecular e o estado cinético do material. Os neutrões frios permitem observar a estrutura de materiais altamente poliméricos, como a síntese de fibras e plásticos.

4.4 Radiografia de neutrões:
A instalação do reator é utilizada para a produção de radioisótopos ^{99m}Tc, ^{131}I e ^{46}Sc. ^{O} $^{(99m)}$Tc e o ^{131}I são utilizados nos centros de medicina nuclear, enquanto $^{o\ (46)}$Sc é utilizado em aplicações de hidrologia isotópica. Atualmente, um dos objectivos mais importantes da instalação do reator é aumentar a produção de ^{131}I de modo a poder satisfazer todas as necessidades do país. A procura atual de ^{131}I no país é de cerca de 1Ci por quinzena.

4.5 Produção de radioisótopos:

A instalação do reator é utilizada para a produção de radioisótopos 99mTc, ^{131}I e ^{46}Sc.

O $^{(99m)}Tc$ e o ^{131}I são utilizados nos centros de medicina nuclear, enquanto o $^{(46)}Sc$ é utilizado em aplicações de hidrologia isotópica. Atualmente, um dos objectivos mais importantes da instalação do reator é aumentar a produção de ^{131}I de modo a poder satisfazer todas as necessidades do país. A procura atual de ^{131}I no país é de cerca de 1Ci por quinzena.

CAPÍTULO-5

Sistemas de água do reator

5.1 SISTEMAS DE ÁGUA DO REACTOR:

O reator BAEC TRIGA tem vários sistemas de água. Estes são

(1) Sistema primário de água

(2) Sistema secundário de água

(3) Sistema de arrefecimento de emergência do núcleo (ECCS) e

(4) Sistema de purificação em linha.

O projeto do reator TRIGA da BAEC é, em muitos aspectos, diferente de muitos outros reactores TRIGA em funcionamento noutros locais. A maioria das caraterísticas únicas do projeto está relacionada com o sistema de água primária. Estas incluem, entre outras, a utilização de dois modos de arrefecimento, nomeadamente a convecção natural a baixo nível de potência (até 500 kW) e a convecção forçada para funcionamento a um nível de potência mais elevado. Neste último modo, o fluxo de refrigerante é mantido pelo funcionamento simultâneo de duas bombas, cada uma fornecendo 50% do fluxo total de 794 m3/h (3500 GPM). De seguida são apresentadas breves descrições dos sistemas de água.

5.2 . Sistema primário de água:

O sistema de água primária é constituído pelo revestimento da piscina do reator, pelo tanque de decomposição N-16, pelas bombas primárias [duas bombas primárias de 37 kW (50 CV) cada], pelo permutador de calor (lado dos tubos), por várias válvulas manuais e motorizadas (válvula de retenção, válvula de borboleta, etc.), por tubos de alumínio, etc. O sistema de água primário é abastecido com água desmineralizada. O inventário total de água do sistema é de cerca de 60.000 litros.

Fig 5.1: Bombas primárias

5.3 . Sistema secundário de água:

O sistema de água secundário tem duas torres de arrefecimento [cada uma com ventiladores de 15 kW (20) hp], permutador de calor (lado do casco), bombas [duas bombas de 30kW (40 hp) cada], filtros, válvulas, tubos MS, etc. O sistema utiliza água da torneira comum.

Fig. 5.2: Bombas secundárias

Fig. 5.3: Torre de arrefecimento

5.4 . Sistema de arrefecimento do núcleo de emergência (ECCS):

O ECCS tem uma pequena bomba acionada por bateria (12V) com uma capacidade de 3,78 litros/m (1 GPM). Retira água do tanque de decomposição N-16 e bombeia-a para o núcleo através da cobertura do plenum inferior do mesmo (núcleo).

5.5 . Sistema de purificação em linha:

O sistema de purificação em linha retira a água da piscina do reator através de um escumador de superfície a um ritmo de cerca de 38 litros/m (10 GPM) e passa por um filtro de cartucho e por uma coluna de desmineralização do tipo leito misto, de modo a que a qualidade da água do sistema primário possa ser mantida a níveis estabelecidos nos limites e condições operacionais (OLC) do reator.

5.6 Esquema do sistema de arrefecimento:

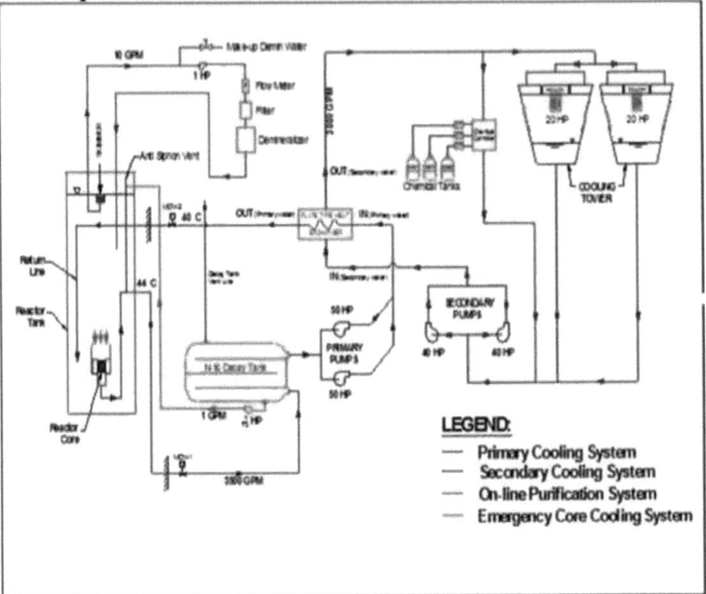

Fig. 5.4: Sistemas de arrefecimento da água do reator de investigação

5.7 Tanque de decomposição:

A água primária passa através do núcleo do reator (a um ritmo de 13 230 litros/min), o átomo de oxigénio presente na água interage com os neutrões e é convertido em N-16 altamente radioativo de acordo com a seguinte reação (n, p):

$8O^{16} + 0n^{1} = 7N^{16} + 1P^{1}$

Fig 5.5: Tanque de decaimento N-16

A água primária contendo este N-16 altamente radioativo passa através do tanque de decaimento (capacidade: 32.000 litros), que retém a água durante cerca de 140 segundos. Durante este período, a atividade do N-16 de vida curta (T1/2= 7,4 s) decai para um nível baixo. O tanque de decaimento e a tubagem que o liga ao tanque do reator estão cobertos por uma blindagem de betão pesado com cerca de 102 cm de espessura, a fim de atenuar os raios gama de alta energia emitidos pelos núcleos N-16.

5.8 Permutador de calor de placas:

Um permutador de calor de placas é um tipo de permutador de calor que utiliza placas metálicas para transferir calor entre dois fluidos. Isto tem uma grande vantagem sobre um permutador de calor convencional, na medida em que os fluidos são expostos a uma área de superfície muito maior, porque os fluidos se espalham sobre as placas. Este facto facilita a transferência de calor e aumenta consideravelmente a velocidade da mudança de temperatura. Os permutadores de calor de placas são agora comuns e versões soldadas muito pequenas são utilizadas nas secções de água quente de milhões de caldeiras combinadas. A elevada eficiência de transferência de calor para uma dimensão física tão pequena aumentou o caudal de água quente doméstica (AQS) das caldeiras combinadas. O pequeno permutador de calor de placas teve um grande impacto no aquecimento doméstico e na água quente. As versões comerciais maiores utilizam juntas entre as placas, as versões mais pequenas tendem a ser soldadas.

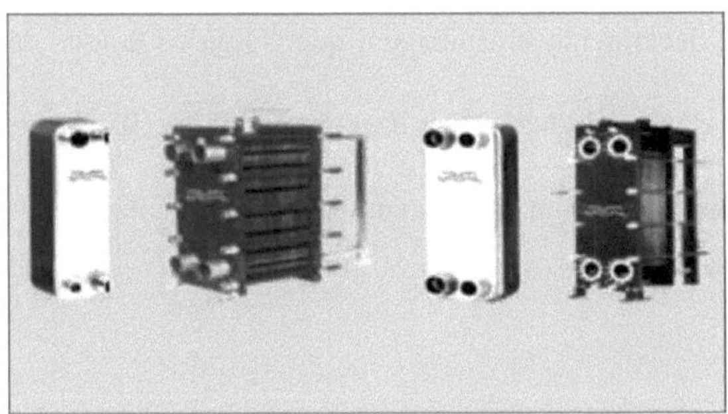

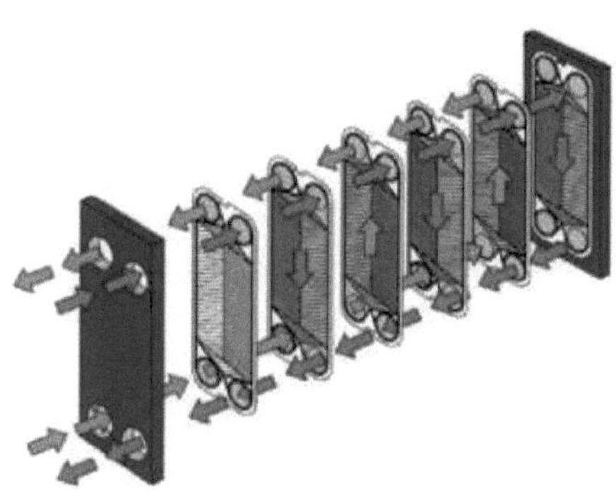

Fig 5.6: Princípio de fluxo de um permutador de calor de placas

5.9 Componente da estação de tratamento de águas:

1. Filtro de areia
2. Filtro de cartucho
3. Filtro de carvão ativo
4. Catião (Resina-M500)
5. Anião (Resina-100)
6. Polimento

CAPÍTULO-6

Sistema de ventilação do pavilhão do reator

6.1 Sistema de ventilação do pavilhão do reator:

O objetivo do sistema de ventilação do reator é controlar a concentração de gases radioactivos produzidos pelo funcionamento normal do reator (principalmente Ar-41) no interior do edifício ou sala, manter um fluxo de ar controlado e monitorizado para limitar ou avaliar a libertação acidental de qualquer material radioativo e desumidificar o ar do edifício para satisfazer as necessidades do pessoal e do equipamento. O sistema de ventilação de um edifício de um reator de investigação é composto por um sistema de entrada e um sistema de saída de ar (frequentemente designado por efluente). Além disso, a sala de controlo do reator e as áreas auxiliares podem ter sistemas de ventilação e ar condicionado separados.

O ar de entrada tem de passar por filtros grosseiros, filtros electrostáticos e filtros finos antes de ser distribuído para a sala do reator em ambos os lados do edifício. Para uma sala de reactores com um volume total de 8000 m3 , o volume total médio do ventilador é de 14000 m3/h. O ar de saída passa novamente por filtros grossos e finos. A capacidade do ventilador de saída deve ser superior à do ventilador de entrada ou os caudais devem ser equilibrados automaticamente para manter um caudal líquido mais elevado para fora do edifício.

CAPÍTULO-7

Proteção contra radiações e limite de dose

7.1 Princípio da proteção contra as radiações:

"O objetivo da proteção contra radiações é garantir que as radiações são utilizadas de forma segura. Os princípios da proteção contra as radiações baseiam-se nas recomendações da Comissão Internacional de Proteção Radiológica (ICRP, 1928)."

Para ser aceitável, a utilização de radiações deve cumprir os seguintes princípios básicos:

- Princípio da justificação
- Princípio da otimização (princípio ALARA, As Low As Reasonably Achievable)
- Princípio da limitação

7.2 Radiação e radioatividade:

I A radiação é a energia transmitida sob a forma de partículas ou ondas.

I A radioatividade pode ser definida como transformações nucleares espontâneas que resultam na formação de novos elementos. Estas transformações são efectuadas por

A Emissão de partículas alfa,

в Emissão de partículas beta e de positrões
o Captura orbital de electrões
E Cada uma destas reacções pode ou não ser acompanhada de radiação gama

7.3 Tipos de radiação:
A radiação com que normalmente nos deparamos é de quatro tipos:

1. radiação alfa,
2. radiação beta,
3. radiação gama, e
4. Radiação de raios X.

A radiação de neutrões é também encontrada em centrais nucleares e em voos a grande altitude e emitida por algumas fontes radioactivas industriais.

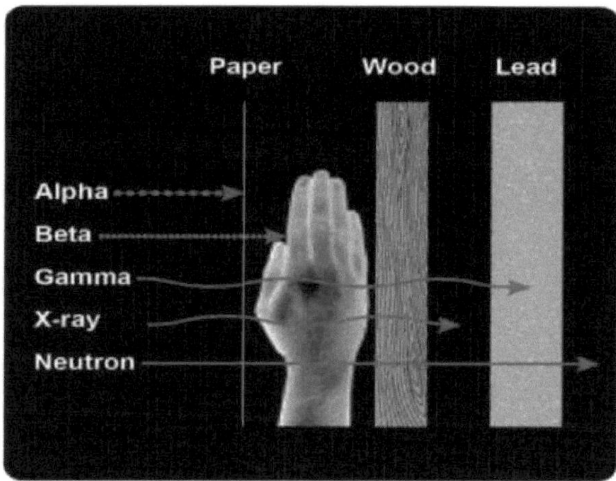

Fig. 7.1: Penetração da radiação

4.4 Tipos de decaimento radioativo:

- Decaimento alfa
- Decaimento beta-menos
- Emissão gama
- Transições isoméricas (IT)
- Emissão Beta-plus
- Captura de electrões
- Fissão espontânea
- Decaimento do protão
- Processos especiais de decaimento beta
- Radioatividade de iões pesados (Cluster) (C-14, Ne-24, etc.)
- Decaimento de decaimento beta ligado a núcleos nus (Dy-163,Re-187, Ir-193, e TI-205).

4.5 Unidades de radioatividade:

I Dois grupos fundamentais de unidades de medida de radiação são:

M Medição da taxa de desintegração de uma determinada amostra ou fonte de material radioativo.

M Medição da dose de radiação relacionada com o dano biológico.

I As unidades são necessárias para a descrição quantitativa de qualquer conceito físico. Em física radiológica, as unidades são definidas pela Comissão Internacional das Unidades de Radiação (ICRU).

I Dois grupos fundamentais de unidades de medida de radiação são:

M Medição da taxa de desintegração de uma determinada amostra ou fonte de material radioativo.

M Medição da dose de radiação relacionada com o dano biológico.

I As unidades são necessárias para a descrição quantitativa de qualquer conceito físico. Em física radiológica, as unidades são definidas pela Comissão Internacional das Unidades de Radiação (ICRU).

I Atividade: - É definida em termos do número de desintegrações que ocorrem no material radioativo num determinado período de tempo.

I Atividade específica:

A atividade por unidade de massa de material radioativo. Pode ser expressa das seguintes formas: mili Ci/gm, dps/milli gm, cps/millgm.

Curie:

A unidade de radioatividade mais comummente utilizada é o Curie (Ci), definido como $3{,}7\times 10^{10}$ desintegrações nucleares por segundo.

Ou seja, 1 Curie $=3{,}7\times 10^{10}$ dis.seg^{-1}.

É a atividade equivalente à atividade de 1 grama de rádio puro (^{226}Ra).

Becquerel:

A unidade SI de atividade é o Becquerel (Bq). Que é definido como 1 desintegração nuclear por segundo.

ou seja, 1 Bq = 1 dis .sec $^{-1}$.

O Curie foi gradualmente substituído pelo Becquerel como

1 Ci = $3{,}7\times 10^{10}$ Bq.

Rutherford:

Diz-se que uma fonte radioactiva que emite 10^6 desintegrações por segundo tem uma intensidade de 1Rutherford.

ou seja, 1 R= 10^6 dis.sec^{-1}.

7.6 Dose:

- Dose: Quantidade de radiação depositada ou absorvida no corpo.
- Taxa de dose: Duração do tempo em que a dose foi recebida.
- A exposição à dose de radiação pode ser interna e/ou externa.

7.7 Dose absorvida:

A energia absorvida por uma unidade de massa de uma substância a partir da radiação a que está exposta designa-se por dose absorvida.

D= dE/dm

Em que dE é a energia média transmitida pela radiação ionizante à matéria de massa dm

Unidade SI: $1J.kg^{-1}$ = 1Gray(Gy)

Unidade antiga: 1 erg/g = 1 rad.

7.8 Dose admissível:

As quantidades de radiação que podem ser recebidas por um indivíduo num determinado período de tempo, sem que se espere um resultado significativamente prejudicial para o pessoal.

7.9 Dose máxima admissível (MPD) :

É a dose admissível acumulada durante um longo período de tempo ou resultante de uma única exposição com uma probabilidade negligenciável de lesões somáticas ou genéticas graves. A dose semanal mais recente para todo o organismo é de 100 mR (ou seja, 2,5 mR/hora) durante 40 horas por semana.

7.10 Limite de dose:

LIMITES DE DOSE RECOMENDADOS PELO ICRP PARA UM ANO

Parte do corpo	Profissional	Público em geral
Todo o corpo	20 mSv	1 mSv
Lente do olho	150 mSv	15 mSv
Pele	500 mSv	50 mSv
Mãos e pés	500 mSv	50 mSv

7.11 Ferramentas para a proteção contra radiações:

A medição da exposição individual é feita através de equipamento (dosímetro termoluminescente TLD, crachá de filme, dosímetro de bolso) usado por cada trabalhador ou através da medição das quantidades de materiais radioactivos no interior ou à superfície do seu corpo.

Fig. 7.2: Medidor portátil de dose de radiação

CAPÍTULO-8

Ebulição

8.1 Ebulição:

A ebulição é a vaporização rápida de um líquido que ocorre quando um líquido é aquecido até ao seu ponto de ebulição, a temperatura à qual a pressão de vapor do líquido é igual à pressão exercida sobre o líquido pela pressão ambiental circundante.

8.2 Curva de ebulição:

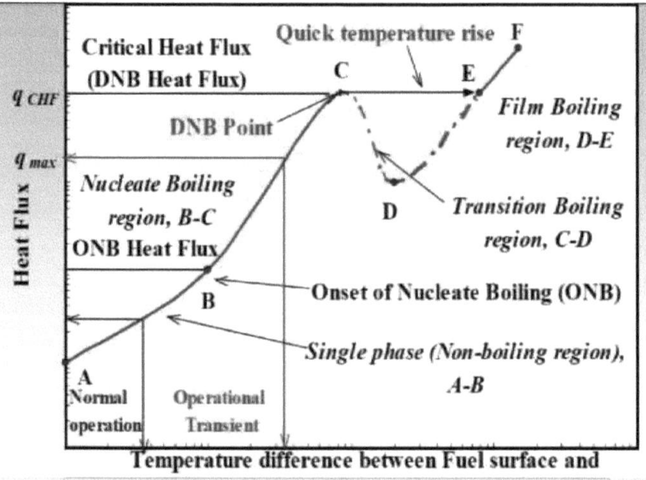

Fig. 8.1: Curva de ebulição

Ebulição nucleada:

Ebulição em que a formação de bolhas se dá na interface líquido-sólido e não por dispositivos externos ou mecânicos.

Ebulição de transição:

Uma fase do processo de ebulição que se segue à ebulição nucleada totalmente desenvolvida, precede a ebulição de película e tem caraterísticas de ambas as fases, em que uma diminuição do fluxo de calor acompanha um aumento do sobreaquecimento da parede, tornando-a altamente instável.

Ebulição do filme:

Uma fase do processo de ebulição em que a superfície do aquecedor está totalmente coberta por uma película de vapor e o líquido não entra em contacto com o sólido.

Fluxo de calor crítico (CHF):

O fluxo de calor crítico descreve o limite térmico de um fenómeno em que ocorre uma fase durante o aquecimento (como a formação de bolhas numa superfície metálica utilizada para aquecer água), que diminui subitamente a eficiência da transferência de calor, causando assim um sobreaquecimento localizado da superfície de aquecimento.

Ebulição saturada:

Uma vez que a maior parte do fluido tenha aquecido até à sua temperatura de saturação, o regime de ebulição entra em ebulição nucleada saturada e, eventualmente, em convecção forçada bifásica.

Sub-arrefecido Ebulição:

O início da ebulição nucleada indica o local onde o vapor pode existir pela primeira vez num estado estável na superfície do aquecedor sem condensação ou colapso do vapor. À medida que mais energia é introduzida no líquido (ou seja, a jusante axialmente), estas bolhas de vapor podem crescer e eventualmente destacar-se da superfície do aquecedor e entrar no líquido.

Modelo de transferência de calor:

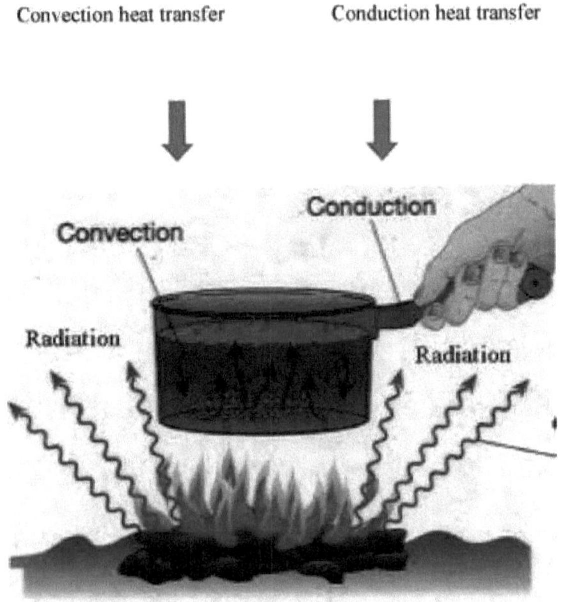

Fig. 8.2: Modelo de transferência de calor

CAPÍTULO -9

Sistema de energia eléctrica

9.1 Sistema elétrico Incluir os seguintes sistemas:

I Disjuntor de vácuo (VCB)
I Transformador de 11kV/400V
Painel LT
I Unidade de melhoria do fator de potência (PFI)
I Painel automático de transferência de carga (ALTP)
I Regulador de tensão de indução automática (AIVR)

Fig. 9.1: Sistema elétrico

9.2 Fonte de alimentação de emergência:

I Gerador diesel de 650 KVA.
I Gerador diesel de 250 KVA.
l Gerador diesel de 5 KVA.

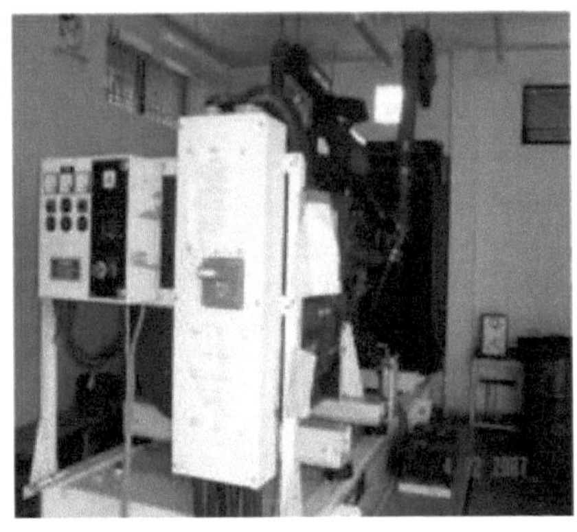

Fig 9.2: Gerador a diesel de 650kVA

Fig 9.3: DG de 250kVA

REFERÊNCIAS

1. Engr. Md. Abdus Salam, Diretor, ROMU.
Caraterísticas das instalações.
2. Dr. Md. Abdul Malek Soner (SSO).
Sr. Anisur Rahman (SO).
Física dos reactores.
3. Sr. Md. Mezbah Uddin (SE).
Proteção contra radiações.
4. Md. Nasir Uddin (RA, IIUM)
Mestrado em Engenharia Mecatrónica

Printed by Books on Demand GmbH, Norderstedt / Germany